手机助农十招

本书编写组　编
农业部市场与经济信息司　指导

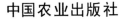

中国农业出版社

图书在版编目（CIP）数据

手机助农十招/《手机助农十招》编写组编．—北京：中国农业出版社，2017.3
ISBN 978-7-109-22800-9

Ⅰ.①手… Ⅱ.①农… Ⅲ.①信息技术-应用-农业
Ⅳ.①S126

中国版本图书馆CIP数据核字(2017)第044977号

中国农业出版社出版
（北京市朝阳区麦子店街18号楼）
（邮政编码100125）
责任编辑　黄　曦　张丽四

中国农业出版社印刷厂印刷　新华书店北京发行所发行
2017年3月第1版　2017年3月北京第1次印刷

开本：787mm×1092mm　1/32　印张：1.25
字数：10千字
定价：10.00元
（凡本版图书出现印刷、装订错误，请向出版社发行部调换）

目　录

第一招：手机网络怎么上 ……………………… 02

第二招：手机应用怎么下 ……………………… 04

第三招：生产和市场信息怎么找 ……………… 06

第四招：政策信息怎么找 ……………………… 08

第五招：便捷生活怎么做 ……………………… 10

第六招：网络支付怎么用 ……………………… 20

第七招：农产品网上怎么卖 …………………… 22

第八招：金融服务怎么办 ……………………… 24

第九招：智能农业怎么搞 ……………………… 30

第十招：网络诈骗怎么防 ……………………… 32

现在大多数农民朋友都用上了智能手机，手机已经是我们生活中不可缺少的工具。除了满足日常的通信交流，智能手机还提供了强大的浏览网页、在线交易、支付转账等额外功能。

本书以安卓机为代表进行智能手机基本功能的介绍，以方便广大农民朋友们掌握。

第一招：手机网络怎么上

1. 移动网络连接

找到"设置"图标，点击进入。

切换到"全部设置"。找到"移动数据"，滑动白色圆点至右侧，开启"移动数据"，便可以使用移动数据流量，也就是我们常说的2G/3G/4G网络流量了。

温馨提示：使用移动数据流量需要按照使用情况向网络运营商付费。一般在办理相对应的电话套餐时会有不同的流量包可选，可根据自己的使用量来进行选择。

2. 无线网络连接（也称作 wifi 连接）

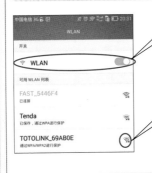

开启"WLAN"（开启方法同"移动数据"开启方法），在"可用WLAN列表"里找到目标网络加入。

图标上带有"小锁"标志的就是含有密码的无线网络，需要输入已知的密码连接上网。没有"小锁"标志的则可以直接点击进行连接。

温馨提示：不要轻易连接未知来源的无密码 wifi，以防骗子用伪基站来盗取用户信息。

第二招：手机应用怎么下

在手机界面上找到"应用市场"，点击进入。

有些手机界面显示为"应用商店"。

进入后看到这样的界面。

在搜索栏内输入想下载的软件名称。

搜索后在列表里选择想安装的客户端(也称APP)，点击"安装"，即可下载安装。

温馨提示：建议在 wifi 环境中下载软件，否则会消耗大量手机移动数据流量。另外，不要下载未知来源的软件，选择软件时，优先选择在"应用商店"或"应用市场"里标注为"官方"的软件。

第三招：生产和市场信息怎么找

找到手机界面上的"浏览器"图标，点击进入。

找到"百度"图标，点击进入。

在百度搜索框内输入"12316"或"中国农业信息网"，可以查找到农业综合信息服务平台或农业信息网的信息。

输入后，点击"百度一下"进行搜索。

搜索结果列表里出现目标网站，点击进入。

在网站顶端可填入要查找的区域，如"浙江"，搜索区域的农业综合信息。

如果只是随意浏览，也可直接找到"市场信息"点击进入查看。

🛜 第四招：政策信息怎么找

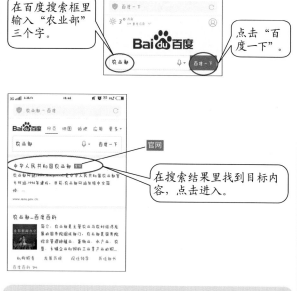

在百度搜索框里输入"农业部"三个字。

点击"百度一下"。

在搜索结果里找到目标内容，点击进入。

温馨提示： 百度的搜索结果要学会辨别真伪。如果要查找获得认证的政府或企业网站，一定要注意看看网站是否标注为"官网"。

可根据需要点击网站顶端的大栏目，进入后浏览。

点击进入后，选取自己需要了解的信息进行浏览。

温馨提示： 搜索结果如出现"推广"或"广告"字样，不要轻易点击。要学会辨别信息的真伪。

📶 第五招：便捷生活怎么做

（一）用手机怎么购买火车票

1. 下载官方软件"铁路12306"并注册

> **温馨提示**：在"应用商店"或"应用市场"里准确找到"铁路12306"软件，这款软件为官方软件，可放心使用。

购票前先注册用户。

火车票是实名制的，请如实正确填写各项资料。带"*"号是必填项目。

2. 买票

温馨提示： 如果为他人购票，只有添加了购票联系人，才能为他们购买火车票。

注册后，第一步先登录，点击"〉"进入登录页面。

填写用户名及密码，点击"登录"。

进入"我的12306"找到"常用联系人"，点击右侧"〉"图标进入。

进入"常用联系人"界面，点击"添加"。

按要求填写信息，有"*"的是必填项。填写完毕后，点击界面右上角的"完成"即完成了一个联系人的添加。

之前添加的人名出现在列表里，如还需要添加其他人，点击右上角"添加"继续操作。

选择出发地。

选择到达地。

选择"出发日期""出发时间"及"席别"。

选择完毕，点击"查询"获取相关信息。

进入这样的查询结果界面，选择目标车次。

选择乘车人。

选择需要的席别。

选择完毕，提交订单。

如果确认购买信息无误，为保证购票成功，可立即支付。一般可使用绑定的网上银行支付卡支付。也可使用权威的第三方支付平台支付。

温馨提示： 发车前需到火车站或火车票代售点取火车票。取票时需要携带二代身份证。

（二）怎样使用手机预约医院挂号

（1）电话拨打"114"预约医院挂号

可拨打电话号码"114"，接通后，根据语音提示一步步进行医院的挂号预约。

（2）利用搜索软件搜索预约医院

可在搜索软件搜索框里输入需要预约的医院名字进行搜索。

在搜索结果里，选择有"官网"字样的搜索目标，点击进入后根据页面提示进行预约挂号。

温馨提示：如本地有官方主办的网上挂号预约平台，也可在手机上使用这样的平台进行预约挂号。

（三）手机怎样充话费

首先要确认自己开通了网上银行或者有支付软件并绑定了支付银行卡（具体绑定步骤请见第六招：网络支付怎么用）

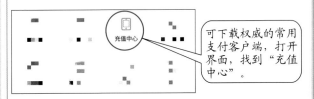

可下载权威的常用支付客户端，打开界面，找到"充值中心"。

温馨提示：除了使用支付软件和电商平台进行话费充值外，还可以关注中国电信、中国联通、中国移动三大网络运营商的微信公众号或者登录三大网络运营商的网上营业厅进行充值。

输入要充值的电话号码。

如需要充值的号码在手机通讯录中，可点击蓝色小人后在联系人列表里选择。

选择充值金额。

选择充值金额后，页面会跳转至付款界面，选择合适的付款方式。

确认信息无误后，点击"确认付款"。

支付成功后，会出现到账时间预估提示。在此时间内系统会以短信或者系统信息提醒的方式发送到账消息。

（四）如何使用微信聊天

在"应用市场"或"应用商店"里下载微信客户端。在手机界面上找到"微信"客户端，点击进入。

如果没有微信账号，可快速注册一个。填写手机号码后，点击"注册"。

注册完成，进入微信主界面，点开右上角"+"图标，从列表里选择"添加朋友"。

添加成功。可直接点开联系人头像聊天。

要找其他人聊天，可进入通讯录里查找。

从通讯录列表里选择要聊天的对象，点击头像进入聊天页面。

开始聊天，可使用文字和语音两种方式聊天。输入文字后点击⊕键就可以发送文字消息给对方了。

如果使用语音聊天，长按此图标，进入语音聊天模式。

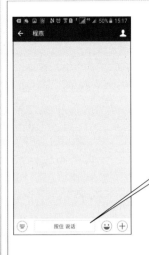

一直按住此按键，说出要发给对方的话。

如不想发送刚刚录制的语音消息，可手指上滑，取消发送。

话说完松开按键，即录制完毕并发送给对方。

第六招：网络支付怎么用

1. 开通网上银行

> **温馨提示**：开通网上银行业务需要带上身份证、银行卡（可使用之前办好的银行卡，也可现场新办一张）、手机到银行的柜台办理。具体的办理流程，银行柜台工作人员会一一告知。在办理网上银行的同时，可同时开通手机银行，预留手机号并设置网上银行的登录密码。

2. 绑定网上银行支付卡

> **温馨提示**：可下载官方的银行客户端进行绑定。不同银行的客户端的操作可能存在细微差别，但流程类似。绑定后，就可使用绑定的银行卡进行网上支付了。

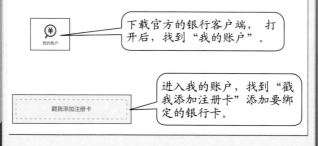

下载官方的银行客户端，打开后，找到"我的账户"。

进入我的账户，找到"戳我添加注册卡"添加要绑定的银行卡。

按照页面提示，填写相关内容，一步步完成添加。绑卡完成。

3. 其他支付客户端的使用

温馨提示：网络支付除了使用网上银行绑定的银行卡直接支付，还可根据自己的需要选择其他权威的官方支付客户端进行网上支付。

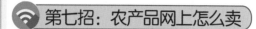

📶 第七招：农产品网上怎么卖

1. 利用手机给农产品拍照

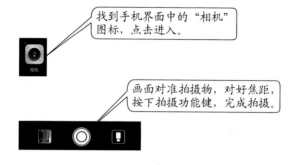

找到手机界面中的"相机"图标，点击进入。

画面对准拍摄物，对好焦距，按下拍摄功能键，完成拍摄。

拍摄好的照片，可在"图库"（有些手机显示为"相册"）里找到。

> **温馨提示**：拍好的照片如果需要修饰以增强表现效果，可下载修图软件来实现。修饰好产品图片后，还可以给自己的产品写上一段产品说明，以便推广售卖时使用。产品说明的写法没有固定模式，只要能突出产品的优点和特色，能够吸引消费者的注意就可以了。

2. 利用电商平台或社交类平台进行推广和售卖

（1）电商平台

知名的电商平台上大多能免费开网店，但网店的运营及推广需要资金的投入。可根据自己的需要选择合适的电商平台开通网上店铺进行推广及售卖。

（2）社交平台

可利用社交平台进行推广及售卖。这种方式投入小，如果产品品质好，很有可能通过口口相传的口碑营销的方式获得较好的销售业绩。

📶 第八招：金融服务怎么办

（一）个人贷款怎么办

1. 下载客户端并注册

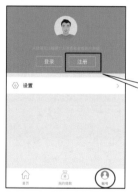

在"应用市场"或者"应用商店"找到权威的个人贷款客户端，下载安装。点击进入客户端，找到账号图标。按照系统提示，逐步完成"注册"。

2. 进行个人身份认证并选择借款类型

注册后，为了确保借款顺利，需要进行身份的实名认证，拍摄身份证上传。

身份认证后，可以开始借款。选择借款类型（个人借款、企业借款），点击后进入详情页。

查看借款产品以及详情，选择适合自己的借款产品，点击"立即申请"。

点击"借多少""借多久""怎么还"，根据系统提示，完成选择。

3. 填写借款申请并提交审核

选择借款地区，要写上详细地址。按照系统提示，完成信息填写后，提交申请。借款申请审核通过，即表示借款成功。

4. 还款

在首页找到"去还款"入口，点击进入。

我的借款

还款中
[展商贷] 用于养殖
70100.0元　10个月　　　2017-01-22申请

期数	应还(元)	还款日
4/10	1051.50	2017-05-21

还款计划　去还款

还款中
[展衣贷] 资金周转
15000.0元　6个月　　　2017-01-20申请

期数	应还(元)	还款日
2/6	187.50	2017-03-19

还款计划　去还款

也可从我的借款里进入借款列表，从列表里选择需要还款的项目。点击"去还款"。

还款

目前为止应还期还款**44,955.00**元　　查看收款计划

本期应还款

第1/1期		
2017-02-10	**44955.00**	详情

立即还款

一次性还清

以一次性还清44955元的借款本金加利息为例。

查看还款明细后，点击"立即还款"。

提交金额，点击"确认"。

还款完成。

（二）了解农业保险

（1）种植业保险

● 粮食作物保险：稻谷保险、小麦保险、玉米保险、大豆作物保险等；

● 经济作物保险：棉花保险、油料作物保险、糖类作物保险、烟草保险等；

● 其他作物保险：水果和果树保险、蔬菜作物保险、饲料作物保险、塑料大棚蔬菜种植保险等；

- 农作物火灾保险；
- 林木保险。

(2) 养殖业保险

- 大牲畜保险：主要保障牛、马、驴、骡、骆驼等因死亡造成的损失；
- 小牲畜保险：主要保障猪、羊、兔等中小畜类因死亡造成的损失；
- 家禽保险：主要保障鸡、鸭、鹅等家禽因死亡造成的损失；
- 水产养殖保险：水产养殖保险可分为海水养殖保险和淡水养殖保险两种。投保可规避养殖过程中因水产品死亡造成的风险。

温馨提示：农业保险可以有效防范农业生产风险、化解农业灾害损失、创造良好农业生产环境。在购买前，请务必弄清哪些能赔付，哪些不赔付。

第九招：智能农业怎么搞

目前，还可利用物联网智能农业系统完成智能施肥等工作。步骤是：

① 连接互联网云端软件。

② 录入种植信息。

③ 云服务器根据测土结果计算出种植方案，并预测收益，将结果发至用户智能手机。

④ 用户选择金融方案，完成支付，得到与自家土地匹配的肥料。

之前灌溉施肥方式每亩地每次需要消耗 30～40 千克复合肥，通过水肥一体化技术灌溉，一次一亩地只需消耗 5～8 千克水溶肥。

此外，通过这一技术，人力成本得到了大幅降低，在水肥一体化的技术之下，通过大棚的使用以及地表塑料膜的覆盖，降低土壤与空气的湿度，病虫害减少 20%～30%，在提高作物安全性的同时也减少了杂草对作物生长过程的影响。

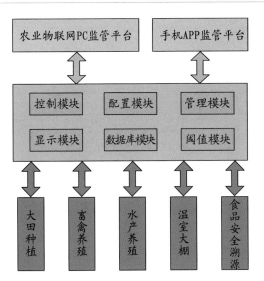

📶 第十招：网络诈骗怎么防

常见诈骗方式及防范方法

（1）中奖信息

诈骗分子常借一些热门的节目栏目组的名义随机给手机用户发送诈骗信息。切记不要轻信里面捏造的中奖信息！

千万不要点击诈骗短信里的链接！

（2）虚假客服

骗子伪造🏦银行客服发来短信，诱导手机用户拨打虚假的客服电话后实施诈骗。

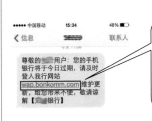

这是骗子诈骗短信里伪造的银行网站链接，千万不要点击登录。一旦点击登录，骗子就能获取你的银行卡信息，盗走你银行账户里的所有钱！

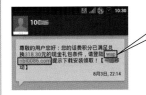

骗子伪造网络运营商客服发来消息诱导手机用户点击进入这个诈骗网站，一旦下载安装他们的病毒软件，他们就会把你银行账户里的钱全部盗光！

正确做法：

● 不要轻信短信内容，不要直接回复短信，不要直接点击链接，不要回电话。

● 可以通过 114 查询相关单位的官方客服电话，然后致电官方客服咨询。

（3）冒充熟人

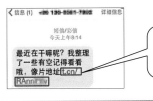

骗子冒充好友，以一种熟人的口吻诱导手机用户点击病毒地址。

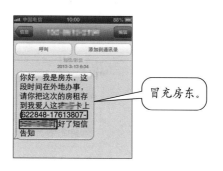

冒充房东。

冒充老师，诱导手机用户点击病毒链接。

温馨提示： 不要轻信看起来像熟人的号码发过来的信息，对方的号码可能被伪造或窃取。

正确做法：

对于貌似熟人发来的相关信息，不要轻易点击里面的链接。如果涉及转账问题，请先与熟人进行电话联系。

（4）冒充公检法、社保等政府部门

冒充车辆管理部门，引诱手机用户下载病毒客户端，借机盗取用户重要个人信息。

冒充公检法工作人员，故意捏造手机用户"违法"事实，用恫吓的口吻引诱手机用户拨打骗子的电话号码。

冒充社保工作人员发来短信，诱导手机用户拨打假冒的社保局联系电话。

正确做法：

● 不要相信与账户、金钱、转账等有关的所谓政府部门短信，不要直接回电话、回短信或打开链接。

● 必要时请先与当地相关政府部门联系确认。

(5) wifi 诈骗

通常用免费 wifi 吸引他人搜索，一旦有蹭网者通过 wifi 信号上网，骗子便可通过替换非法网站，轻松截获网络数据并破解密码，盗取转移受害人的钱财。

如何防范？

● 不随便蹭网，不要使用未知来源的 wifi，关闭自动连接。

● 手机不要设置为自动登录网银及手机银行。

● 保管好手机并安装手机安全软件。

● 设置支付金额限额，可以减少损失。